U0925801

XINXING GUANZHUANG BINGDU GANRAN FANGHU DUBEN

新型冠状病毒感染防护读本

（学生版）

王忠东 孙海燕 / 主编

书　　名　新型冠状病毒感染防护读本（学生版）
主　　编　王忠东　孙海燕
编　　委　宋　颂　薛　白　代晓琦　邹　波　徐长卿
　　　　　刘燕然　傅静容　袁　文　王秀彤
出版发行　青岛出版社
社　　址　青岛市海尔路182号（266061）
本社网址　http://www.qdpub.com
邮购电话　13335059110　0532-68068026
责任编辑　刘晓艳　付　刚　徐　瑛　袁　贞　王秀辉
封面设计　张　骏
插　　图　黄　昕
排　　版　曹雨晨
印　　刷　青岛乐喜力科技发展有限公司
出版日期　2020年3月第1版　2020年3月第1次印刷
开　　本　32开（889mm×1194mm）
印　　张　2
字　　数　30千
图　　数　28
书　　号　ISBN 978-7-5552-8970-8
定　　价　8.00元

编校印装质量、盗版监督服务电话　4006532017　0532-68068638
上架建议：大众健康类

前言

抗击疫情，刻不容缓！

新型冠状病毒肺炎（简称新冠肺炎）疫情发生以来，习近平总书记非常关心疫情的发展和患者的救治情况，多次做出重要指示和批示，强调在当前防控新冠肺炎的严峻斗争中，各级各部门要全力做好防控工作。

此次的新型冠状病毒是第一次在人体中被发现的冠状病毒新毒株，人群对新型冠状病毒普遍缺乏免疫力。学校是人群高度密集的场所，一旦有人发病，病毒很容易在师生间蔓延开来。

保护学生的身体健康是全社会共同的职责。面对当前突发的新冠肺炎疫情，根据党中央、国务院对疫情防控工作的部署，教育部发出通知要求教育系统强化责任意识，以实际举措，科学有序地开展新冠肺炎疫情联防联控工作，切实保障广大学生的身体健康和生命安全。

为切实把党中央的决策部署落到实处，增强学生对新冠肺炎的预防意识，从而坚决打赢疫情防控阻击战，青岛出版集团组织专业人员编写并出版了这本《新型冠状病毒感染防护读本（学生版）》。

本书是针对学生编写的应对新冠肺炎的防护手册，书中以问答的形式向学生们详细介绍了新型冠状病毒的特点、新冠肺炎的传播途径和诊断标准、不同场所的防护措施、防护误区及心理防护知识。本书参考了当前大量的国内外最新资料，言简意赅、通俗易懂，是帮助学生做好防护的科学读本。随着疫情形势的发展和对疾病的进一步认识，部分内容可能需要进一步修订。希望本书能在新冠肺炎疫情的防控工作中起到传播科学知识、提升防控能力的积极作用。

目前我们正在同新冠肺炎疫情这一突发性重大灾害进行着艰苦、顽强的斗争。同学们要坚信，有党中央、国务院的领导，有各级政府部门的周密安排，有医务人员的科学应对，有学生及家长在内的广大群众团结一心，我们一定能够赢得这场疫情防控战的胜利。

同学们，让我们行动起来，从自身做起、从现在做起，为打赢这场防疫战贡献自己的力量！

目录

1. 冠状病毒有哪些特点？

冠状病毒是存在于自然界的一个病毒大家族，它们虽然外形美丽，在电子显微镜下看起来好像皇冠一样，却是一类非常可怕的病毒。它们可以感染人和动物，破坏我们的呼吸道、胃肠道和神经系统。

冠状病毒害怕高温，温度越高，它们就越容易被消灭。在56℃环境下30分钟可有效灭活冠状病毒。冠状病毒不耐酸、不耐碱，病毒复制的最适宜pH值为7.2。乙醚、75%酒精、氯仿、甲醛、含氯消毒剂、过氧乙酸等脂溶剂可有效灭活病毒，氯已定不能有效灭活病毒。

知识链接

1937年，冠状病毒首次从一种鸟类传染性支气管炎病毒中被分离出来。这种病毒直径为60～200nm，呈球形或椭圆形，具有多形性，能够严重危害家禽种群。到目前为止，科学家们发现了约15种不同的冠状病毒。

人类冠状病毒于20世纪60年代首次在普通感冒患者的鼻子中被发现。在电子显微镜下可观察到病毒的外表有包膜，包膜上存在凸起，整个病毒像日冕，不同冠状病毒的凸起有明显的差异；病毒内部是正链单股RNA（核糖核酸），其复制能力强，而且结构不稳定，复制过程中容易发生变异。

2. 引起新冠肺炎的病毒是什么样的?

此次引起新冠肺炎的病毒是冠状病毒家族中的一个新成员，它最早在中国武汉被发现。新型冠状病毒属于 β 属的冠状病毒，有包膜，颗粒呈圆形或椭圆形，常为多形性，直径为 60~140nm。2020 年 1 月 12 日，这种新型冠状病毒被世界卫生组织暂命名为“2019-nCoV”。2020 年 2 月 11 日，国际病毒分类委员会将新型冠状病毒正式命名为“SARS-CoV-2”，并认定这种病毒是 SARS 冠状病毒的姊妹病毒。我国将它引起的肺炎命名为新型冠状病毒肺炎，简称“新冠肺炎”。2020 年 2 月 11 日，世界卫生组织将新型冠状病毒引起的传染性疾病命名为“COVID-19”。

3. 冠状病毒和动物有什么关系？

可以感染人的很多病毒其实是来自动物所携带的病毒。哺乳动物冠状病毒主要为 α 、β 属冠状病毒，可感染犬、猫、鼠、猪、牛、马、蝙蝠等多种动物。禽冠状病毒主要来源于 γ 、δ 属冠状病毒，可感染鸡、鸭、鹅、鸽子、麻雀等鸟类。

4. 新冠肺炎的传播方式有哪些？

新型冠状病毒主要通过呼吸道飞沫传播和密切接触传播。如果某个人感染了新型冠状病毒，他打喷嚏、咳嗽、说话时产生的飞沫，被周围的人直接吸入就有可能被传染。如果病人手上沾染了病毒，我们握过他的手，没有洗手就触碰自己的嘴、鼻子，或揉眼睛，也可能会被传染。在相对封闭的环境中长时间暴露于高浓度气溶胶（感染者的飞沫分散并悬浮在空气中形成的胶体分散体系）情况下存在经气溶胶传播的可能。由于在粪便及尿中可分离到新型冠状病毒，应注意粪便及尿对环境污染造成气溶胶或接触传播。

5. 新冠肺炎有哪些症状？

新型冠状病毒感染的潜伏期为 1~14 天，多为 3~7 天。

新冠肺炎以发热、干咳、乏力为主要表现。少数病人伴有鼻塞、流涕、咽痛、肌痛和腹泻等症状。轻型病人仅表现为低热、轻微乏力等，无肺炎表现。重症病人多在发病 1 周后出现呼吸困难和 / 或低氧血症，并可出现其他严重的并发症。值得注意的是重型、危重型病人在病程中可表现为中低热，甚至无明显发热。

部分儿童病例症状可不典型，表现为呕吐、腹泻等消化道症状，或仅表现为精神差、呼吸急促。

6. 新冠肺炎的症状与普通感冒的症状有哪些不同?

根据现有临床病例来看，新冠肺炎以发热、乏力、干咳等为主要表现，少数病人可伴有鼻塞、流涕、咳痰等上呼吸道症状，以及腹泻等消化道症状。部分病人在1周后症状加重，出现呼吸困难等肺炎症状，并出现其他并发症；轻型病人仅表现为低热、轻微乏力等，无肺炎表现。少数感染者无明显临床症状，仅新型冠状病毒核酸检测阳性。

普通感冒的症状为鼻塞、流涕、发热等，多数病人症状较轻，一般不引起肺炎。

因此，同学们如果有发热、流涕、咳嗽等症状，不要恐慌，如果你没有到过疫区，也没有接触过新冠肺炎病人，可能只是普通感冒，可以通过线上方式咨询医生。

7. 哪些人容易得新冠肺炎？

因为此次引起新冠肺炎的病毒是一种全新的冠状病毒，所以人群普遍易感。也就是说，我们所有人都有可能感染新型冠状病毒。

8. 哪些人是新冠肺炎的疑似病例?

需要结合下述流行病学史和临床表现综合分析：

（1）流行病学史

①发病前 14 天内有武汉市及周边地区，或其他有病例报告社区的旅行史或居住史。

②发病前 14 天内与新型冠状病毒感染者（是指新型冠状病毒核酸检测阳性者）有接触史。

③发病前 14 天内曾经接触过来自武汉市及周边地区，或来自有病例报告社区的发热或有呼吸道症状的患者。

④聚集性发病：两周内在小范围如家庭、学校班级等场所，出现 2 例及以上有发热和 / 或呼吸道症状的病例。

（2）临床表现

①有发热和 / 或呼吸道症状。

②具有新型冠状病毒肺炎的影像学特征，即早期呈现多发的小斑片影及间质改变，以肺外带明显。进而发展为双肺多发的磨玻璃影、浸润影，严重者可出现肺实变，胸腔积液较少见。

③发病早期查外周血提示白细胞总数正常或降低，淋巴细胞计数正常或减少。

有流行病学史中的任何一条，且符合临床表现中任意两条者，即为疑似病例。无流行病学史的，符合全部三条临床表现者，也为疑似病例。

9. 如何确诊新冠肺炎？

在上述疑似病例的基础上，具备以下病原学或血清学证据之一者：

（1）实时荧光 RT-PCR（逆转录 - 聚合酶链式反应）检测新型冠状病毒核酸阳性。

（2）病毒基因测序，与已知的新型冠状病毒高度同源。

（3） 血清新型冠状病毒特异性 IgM（免疫球蛋白 M）抗体和 IgG（免疫球蛋白 G）抗体阳性；血清新型冠状病毒特异性 IgG 抗体由阴性转为阳性，或恢复期较急性期 4 倍及以上升高。

10. 出现哪些症状需要就医?

很多呼吸系统疾病患者会出现发热、咳嗽、乏力等症状，是否是新冠肺炎，需要医生根据临床表现和病毒检测情况确定。如果同学们近期出现发热、乏力、干咳或咳痰、气促、鼻塞、流涕、腹泻、眼结膜充血等症状，不要恐慌，请告知家长和老师，及时就医检查。

11. 目前针对新冠肺炎有无特效药物和疫苗？

目前尚无治疗新冠肺炎的特效药，专家们在不断筛选对新冠肺炎有效的药物，国家正组织专家进行新药和疫苗的研发。

12. 如果你在疾病流行地区居住或旅行过，应该怎么做？

（1）尽快到所在村委会或社区进行登记，减少外出活动，尤其须避免到人员密集的公共场所活动。

（2）从离开疾病流行地区的时间开始，连续 14 天进行自我健康状况监测，每天测两次体温。条件允许时，尽量单独居住或居住在通风良好的单人房间，并尽量减少与家人密切接触。

（3）若出现新型冠状病毒感染可疑症状（包括发热、咳嗽、咽痛、胸闷、呼吸困难、纳食差、乏力、精神差、恶心、呕吐、腹泻、头痛、心慌、结膜炎、四肢或腰背部肌肉轻度酸痛等），应根据病情，及时到医疗机构就诊。就医途中具体指导建议如下：

① 必须时刻佩戴医用外科口罩或 KN95/N95 口罩。

② 尽量避免乘坐公共交通工具前往医院。乘车时打开车窗。

③ 随时保持手部卫生。

④ 在路上和医院时，尽可能远离其他人（保持至少 1 米的距离）。

⑤ 若路途中污染了交通工具，建议使用含氯消毒剂或过氧乙酸消毒剂，对所有被呼吸道分泌物或体液污染的物品表面进行消毒。

13. 与新型冠状病毒感染病例密切接触者应该怎么办?

基于目前对新型冠状病毒感染的认识，参考其他冠状病毒所致疾病的潜伏期，结合新冠肺炎病例相关信息和当前防控实际情况，将其密切接触者的医学观察期定为 14 天，并对密切接触者进行居家或集中医学观察。这是一种对公众健康安全负责任的态度，也是国际社会通行的做法。医学观察期间指定的医疗卫生机构人员每天至少对密切接触者测定两次体温，并询问其健康状况，如果密切接触者出现任何症状，要及时向卫生健康部门报告，并将密切接触者送定点医疗机构诊治。

14. 怀疑自己感染了新型冠状病毒怎么办?

如果自己出现可疑症状，怀疑感染了新型冠状病毒，不要去上学，首先要做好防护：不要前往人员密集的地方；戴上医用外科口罩，或 KN95/N95 口罩；与家人保持适当的距离（建议 1 米以上）；注意居室通风；注意个人卫生。其次，注意监测体温，并尽快到就近的定点救治医院发热门诊就诊。尽量避免乘坐地铁、公交车等公共交通工具，就诊时主动告诉医生是否去过疾病流行地区，以及与他人接触的情况，配合医生开展检查诊治。

15. 怀疑周围的人感染了新型冠状病毒怎么办?

如果怀疑周围的人感染了新型冠状病毒，首先要自己佩戴口罩，与其保持适当的距离。同时，建议对方戴好口罩并及时前往就近的定点救治医院发热门诊接受诊治。

16. 新冠肺炎可以治愈吗?

从目前收治的病例情况来看，多数病人预后良好，少数病人病情危重。老年人和有慢性基础疾病者预后较差。儿童病例症状相对较轻。

同大多数病毒感染性疾病一样，新冠肺炎也是自限性疾病，即依靠机体的免疫力杀灭病毒。如果不幸被新型冠状病毒感染了，要及时报告，积极配合治疗。绝大多数病人能最终痊愈。

17. 目前新冠肺炎的出院标准是什么？

按照《新型冠状病毒肺炎诊疗方案（试行第七版）》的出院标准：体温恢复正常 3 天以上，呼吸道症状明显好转，肺部影像学显示急性渗出性病变明显改善，连续两次痰、鼻咽拭子等呼吸道标本新型冠状病毒核酸检测阴性（采样时间至少间隔 24 小时）。满足以上条件者可以出院。

18. 新型冠状病毒感染者出院后注意事项有哪些？

（1）定点医院要做好与患者居住地基层医疗机构间的联系，共享病历资料，及时将出院患者的信息推送至患者辖区或居住地居委会和基层医疗卫生机构。

（2）患者出院后，因恢复期机体免疫功能低下，有感染其他病原体的风险，建议继续进行 14 天的隔离管理和健康状况监测，佩戴口罩，有条件者可居住在通风良好的单人房间，减少与家人的近距离密切接触，分餐饮食，做好手部卫生，避免外出活动。

（3）建议在出院后第 2 周、第 4 周到医院随访、复诊。

19. 新型冠状病毒感染的日常防护有哪些？

（1）减少外出活动

①避免去新型冠状病毒疫情正在流行的地区。

②疫情流行期间减少走亲访友和聚餐，尽量在家休息。

③减少到人员密集的公共场所，尤其是空气流动性差的地方，例如公共浴池、温泉、影院、网吧、歌厅、商场、车站、机场、码头、展览馆等。

（2）做好个人防护

①外出必须佩戴口罩。前往公共场所、就医和乘坐公共交通工具时，必须佩戴医用外科口罩或KN95/N95口罩。

②随时保持手部卫生。减少接触公共场所的公共物品；从公共场所返回、咳嗽时用手捂之后、饭前、便后，使用洗手液或肥皂并用流水洗手，或者使用含酒精成分的免洗洗手液擦手；不确定手是否清洁时，避免用手接触口、鼻、眼；打喷嚏或咳嗽时，用纸巾或手肘处衣服遮住口鼻。

（3）保持良好的卫生习惯

①居室勤开窗，经常通风。

②家庭成员不共用毛巾，保持家居用品清洁，勤晒衣被。

③不随地吐痰，将口鼻分泌物用纸巾包好，弃置于有盖的垃圾箱内。

④不要接触、购买和食用野生动物；避免前往售卖活体动物（家禽、海产品、野生动物等）的市场。

⑤备置体温计、医用口罩或KN95/N95口罩、家庭消毒用品等。

20. 如何选择和使用口罩？

新冠肺炎的主要传播途径是呼吸道飞沫传播和密切接触传播，所以戴口罩是非常重要的。

小学生可以选用符合国家标准 GB2626-2006 KN95，并标注“儿童或青少年颗粒物防护口罩”的产品。小朋友们如果在佩戴口罩的过程中感觉不适，应及时调整或停止使用。因儿童脸型较小，与成人口罩边缘无法充分密合，不建议儿童佩戴具有密合性要求的成人口罩。

中学生和大学生的体型接近成人，可以参照成人的口罩使用指南。在人比较少的地方可以戴一次性医用口罩，在学校、公交车等人员密集的场合建议戴医用外科口罩或 KN95/N95 及以上颗粒物防护口罩。

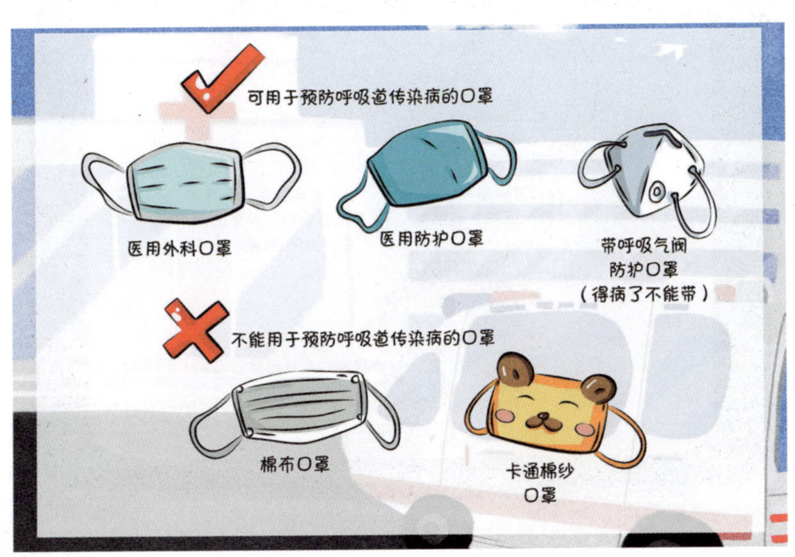

21. 如何正确佩戴一次性医用口罩和医用外科口罩？

（1）戴口罩前记得洗手，在戴口罩的时候不要用手去碰口罩内侧，尽量让里面保持干净。

（2）鼻夹侧朝上，褶皱朝下，深色面朝外。

（3）上下拉开褶皱，使口罩覆盖口、鼻、下巴。

（4）用双手指尖沿着鼻梁条，由中间至两边，慢慢向内按压，直至其紧贴鼻梁。

（5）适当调整口罩，使口罩周边充分贴合面部。

（6）需要特别注意的是戴好后千万不能用手挤压口罩，如果挤压口罩，会使病原体向口罩内层渗透，减弱防护效果。

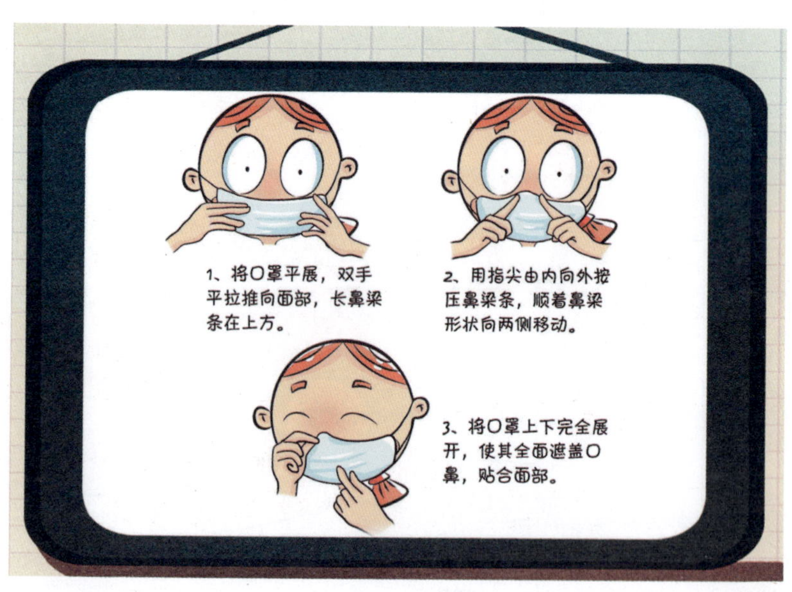

22. 如何更换和存放口罩？

（1）佩戴一次性医用口罩，建议 4 小时更换一次口罩。若口罩出现脏污、变形、损坏或有异味时，应立即更换。

（2）医用外科口罩或 KN95/N95 及以上颗粒物防护口罩，如果没有接触新冠肺炎患者或疑似病例，口罩也没有出现脏污、变形、损坏或异味，可以反复多次使用。

（3）可重复使用的口罩应悬挂在洁净、干燥的通风处，或者放在清洁、透气的纸袋中。口罩要单独存放，避免彼此接触，并标识口罩使用者。

23. 使用过的口罩如何处理？

（1）如果同学们身体健康，没有新型冠状病毒传播的风险，可将使用后的口罩折叠、系好，装入透明塑料袋，扎口后扔入标有“有害垃圾”或“不可回收垃圾”的垃圾箱内。

（2）疑似病例或确诊患者佩戴的口罩，不可随意丢弃，应视作医疗废弃物，严格按照医疗废弃物有关流程处理，不得进入流通市场。

（3）处理完丢弃的口罩后记得洗手。

24. 咳嗽、打喷嚏时应该怎样做？

当同学们咳嗽或打喷嚏时，应尽量避开人群，用纸巾或手绢捂住口鼻，防止唾液、涕液飞溅。使用后的纸巾不要随便乱扔，要丢到封闭式垃圾箱内，然后清洗双手。如果临时找不到纸巾或手绢，情急之下，可以用肘部内侧衣物来遮挡口鼻。记得先弯曲肘部，再靠近口鼻。之后要及时清洗手绢和衣物。

25. 哪些情况下需要洗手？

（1）做饭前和吃饭前要洗手。

（2）上厕所前后要洗手。

（3）早上到学校后，下午放学回家后，以及从其他场所回家后，都要洗手。

（4）接触口、眼、鼻前要洗手；摘或戴眼镜前要洗手。

（5）接触学校、小区或其他公共场所的门把手、扶梯、电梯按键等公用设施和物品后要洗手。

（6）接触小动物或处理动物粪便后要洗手。

（7）没有戴口罩的情况下，打喷嚏用手遮挡后要洗手。

（8）戴口罩前和摘口罩后要洗手。

26. 如何做到有效洗手？

同学们应采用“七步洗手法”认真洗手。

第 1 步：用流水湿润双手，涂抹洗手液（或肥皂），掌心相对，手指并拢相互揉搓。

第 2 步：手心对手背沿指缝相互揉搓，双手交换进行。

第 3 步：掌心相对，双手交叉并沿指缝相互揉搓。

第 4 步：一手轻握另一手指背（稍弯曲，呈弓状）揉搓，双手交换进行。

第5步：一手握另一手大拇指并旋转揉搓，双手交换进行。

第6步：一手指尖合拢在另一手掌心并旋转揉搓，双手交换进行。

第7步：旋转式揉搓手腕，双手交换进行。

最后，用流水冲洗干净双手，并用毛巾擦干。

注意事项

（1）尽可能使用专业的洗手液，若没有，也可使用肥皂；

（2）使用流动的清水；

（3）每步至少来回搓洗5次，稍加用力；

（4）使用干净、消毒的毛巾擦手，或者使用干手器吹干手。

27. 如何进行有效的室内通风？

开窗通风是改善室内空气质量的常用方法。开窗通风时，应注意以下几点：

（1）注意通风时间。每天通风 3 次，每次 15~30 分钟。城市居民通风换气时间最好在上午 9 点至 11 点，下午 1 点至 4 点，或者晚上 7 点至 10 点。

（2）雾霾天气和沙尘天气不宜通风换气。

（3）城市空气质量低于“良”的情况下，要减少通风换气的次数和时间。

（4）在午饭和晚饭时间不要通风换气，防止厨房排放的油烟影响室内空气质量。

（5）开窗通风应尽量将窗户全部打开，形成对流，以有效通风，保持空气新鲜。

28. 家里需要消毒吗？

如果家里没有新冠肺炎患者、疑似病例及密切接触者，也没有外人来，可以不用消毒。保持家居卫生、注意通风即可。反之，则需要消毒。

29. 如何选择和使用消毒剂？

（1）空气消毒：空气消毒专业性较强，在消毒过程中存在一定的安全隐患，一般家庭推荐每天做好开窗通风即可。每日打开门窗通风 2~3 次，每次不少于 30 分钟。有条件的家庭可以使用空气消毒机。

（2）餐具消毒：推荐使用热水煮沸 15 分钟、高温蒸汽消毒 15 分钟及紫外线消毒柜等方式消毒餐具。

（3）物品消毒：手机、桌面、门把手、开关、热水壶、洗手盆、坐便器等日常可能接触的物品表面，用有效氯浓度为 250~500mg/L 的消毒剂擦拭，作用 30 分钟后用清水洗净，每天至少一次。对日常的织物（如毛巾、小件衣物）可采用煮沸 15 分钟的方法消毒。怀疑衣服被污染，如果衣物材质许可，用普通洗衣机机洗（洗涤温度 60~90℃，30 分钟以上）可杀灭病毒，对大件衣物、被罩等可使用家用衣物消毒液并按说明使用。

（4）地面消毒：用有效氯浓度为 250~500mg/L 的消毒剂

浸泡拖布 30 分钟后拖拭地面。每天消毒 1~2 次。

（5）皮肤消毒：用 75% 酒精直接擦拭。

注意：

含氯消毒剂会刺激皮肤和黏膜，配制和使用时建议佩戴口罩和手套；使用酒精消毒时应远离火源。

30. 在家里我们应该注意什么？

（1）尽量减少外出活动。不去疫情严重地区或已知有疫情的社区；不去人群密集的公共场所，如商场、网吧、电影院等，不参加聚会。

（2）家里勤开窗，经常通风。

（3）家庭成员不共用毛巾等物品，保持家居环境清洁，勤晒衣被。

（4）不要接触、购买和食用野生动物（即野味）；尽量避免前往售卖活体动物（禽类、海产品、野生动物等）的市场。

（5）家里备好体温计、医用外科口罩或 KN95/N95 口罩、家庭消毒用品等物资。每天上学前在家里自测体温，有任何不适及时告知家长。

（6）勤洗手，随时保持手部卫生，尤其是饭前便后更要认真洗手。

（7）外出戴口罩。

（8）建议家庭成员实行分餐制，餐饮用具专人专用。

（9）营养均衡，合理饮食。

（10）作息规律，养成健康的生活方式，在家多和爸爸妈妈一起做运动，增强免疫力。

（11）咳嗽、打喷嚏时用纸巾捂住口鼻，并及时洗手，避免用手触摸眼睛、鼻子和口。

（12）帮助家长做家务，对居室定期进行消毒。

31. 上学途中我们应该注意什么？

（1）尽量不要乘坐公交车、地铁等公共交通工具。建议步行、骑行或由家长开车接送。若乘坐公共交通工具，须全程佩戴医用外科口罩或 KN95/N95 及以上颗粒物防护口罩，尽量与他人保持一定的距离，间隔就座。

（2）减少接触交通工具的公共物品和部位。

（3）乘坐公共交通工具时服从司乘人员的安排，一旦出现疫情问题，不要擅自离开，要配合工作人员的排查。

32. 异地返校时应注意什么？

（1）返校前有过疫情高发地区（如武汉等地区）居住史或旅行史的学生，建议居家观察 14 天期满再返校。

（2）乘坐火车、飞机、汽车等公共交通工具时，须全程佩戴医用外科口罩或 KN95/N95 及以上颗粒物防护口罩，注意与他人保持距离。

（3）随时保持手部卫生，减少接触交通工具的公共物品和部位。接触公共物品后、咳嗽或打喷嚏手捂后、饭前、便后，必须及时洗手。

（4）旅途中做好健康监测，自觉发热时要主动测量体温。留意周围旅客的健康状况，避免与可疑症状人员近距离接触。若旅途中出现可疑症状，应主动联系司乘人员。旅途中若需要去医疗机构就诊，应主动告诉医生相关疾病流行地区的旅行居住史，配合医生开展相关调查。

（5）妥善保存旅行票据信息，以配合可能的相关密切接触者调查。

（6）学生返校后应每日监测体温和健康状况，尽量减少不必要的外出，避免接触其他人员。

33. 在学校期间我们应该注意什么？

（1）到校后先去认真洗手，再接触学习用品。

（2）在校期间须佩戴口罩。

（3）要常打开教室的窗户进行通风。

（4）下课期间同学之间不要打闹，不要近距离接触，间隔且有序地去洗手间。

（5）尽量不要接触他人的物品，同学之间传递学习资料及学习用品前后要洗手。

（6）尽量减少接触学校里的公用设施和物品，接触后应洗手。

（7）咳嗽、打喷嚏时用纸巾捂住口鼻，用过的纸巾须丢弃至有盖的垃圾桶中。然后，及时洗手。避免用手触摸眼睛、鼻子和口。

（8）搞好教室内环境卫生，不随地吐痰。

（9）丢弃的口罩应放入学校专设的垃圾桶内。

（10）每天的体育锻炼时间不少于 1 小时。

（11）当身体出现不适时应立即报告老师。

34. 学校里的哪些地方是病毒传播的高危场所?

教室、宿舍、图书馆、活动中心、食堂、礼堂、教师办公室、洗手间等人群密集的活动区域是病毒传播的高危场所，建议学校加强这些区域的通风、清洁，并配备洗手液、免洗手消毒剂等防疫用品，引导学生正确洗手。

35. 在教学楼及教室如何做好防护？

（1）进入教学楼前自觉接受体温检测，体温正常方可入楼。进教室前先到卫生间洗手。若体温超过 37.2℃，请勿进入教学楼，按学校相关规定进行隔离观察，必要时到医院就诊。

（2）保持教室的环境整洁，做到每天早、中、晚开窗通风，每次通风时间在 30 分钟以上。对经常接触的教学用品、门把手、桌面等进行消毒。

（3）在教室内，师生均须佩戴口罩，交流尽量保持 1 米以上的距离。

（4）勤洗手。

36. 在学校餐厅如何做好防护？

（1）减少聚集用餐，有条件者尽量将饭菜打包并带回教室或寝室食用。如在餐厅用餐，备好纸巾和临时保存口罩的干净塑料袋或纸袋。

（2）排队打饭时，须佩戴口罩。

（3）付款时尽量避免现金支付，推荐使用手机、消费卡等方式支付。

（4）就餐前一定要洗手。

（5）在餐厅用餐时，注意错峰就餐。拉开餐位距离，人与人之间的距离保持在 1 米以上。同排的隔位就座，对面的错位就座，避免面对面就餐。

（6）用餐前的最后一刻摘口罩，吃饭时不要说话，饭后及时洗手并佩戴好口罩。

（7）公共餐具和饭菜统一由工作人员分配。

37. 住校学生在寝室如何做好防护?

（1）回到寝室后摘下口罩，丢弃的口罩按照前述处理方法放入有盖的垃圾桶内，每天两次使用 75% 酒精或含氯消毒

液对垃圾桶进行消毒处理。处理完后及时洗手，对钥匙等常用物品用 75% 酒精擦拭消毒。外出衣物单独挂在通风处。

（2）寝室每天早、中、晚开窗通风，每次通风时间在 30 分钟以上。室友间保持 1 米以上的距离，避免近距离接触。寝室人多时，须佩戴口罩。

（3）养成良好的生活习惯，勤洗手，多喝水。不使用他人物品，个人物品注意定期清洗、消毒，勤晒被褥。

（4）保持寝室的环境整洁。对桌子、座椅等物体表面及地面，每天使用含氯消毒液擦拭 1 ~ 2 次。此外，对于高频接触部位，例如门把手、水龙头开关、座椅扶手等部位应重点消毒。

（5）保障充足睡眠，均衡膳食营养，避免过度疲劳。

38. 当室友出现可疑症状时，我们应怎样做？

（1）如果室友出现发热、乏力、干咳或咳痰、气促、鼻塞、流涕、腹泻、眼结膜充血等可疑症状，应提醒其及时就医排查，并上报老师。

（2）寝室中的所有同学须立即佩戴口罩，出现可疑症状的同学应注意与室友保持距离，避免近距离接触。

（3）若寝室中有人被诊断为新冠肺炎，同寝室的其他同学应主动接受专业人员的排查，如果被判定为密切接触者，应接受 14 天医学观察。

39. 疫情期间怎样合理饮食？

坚持合理膳食，通过均衡营养提高自身抵抗力。参照中国营养学会发布的《中国居民膳食指南（2016）》，以下建议供参考：

（1）每天应摄入谷类和薯类食物 250~400g，谷类和薯类食物包括大米、小麦、玉米、荞麦、红薯、马铃薯等。

（2）每日摄入 150~200g 优质蛋白质类食物，优质蛋白质类食物包括瘦肉、鱼、虾、蛋、奶、豆类及其制品等。

（3）多吃新鲜蔬菜和水果，每天超过 5 种，加起来最好 500g 以上。多选择油菜、菠菜、芹菜、紫甘蓝、胡萝卜、西红柿、橙子、橘子、苹果、猕猴桃等蔬果。另外，可选蘑菇、木耳、海带等菌类和藻类食物。

（4）适量增加优质脂肪的摄入，包括烹调用富含 n–9 脂肪酸的植物油，以及坚果类多油性食品，如花生、核桃等。总脂肪供能比达到膳食总能量的 25%~30%。

（5）保证充足的饮水量，每天 1500~2000ml，分多次、少量饮水。可以饮温开水或淡茶水，饭前或饭后饮用菜汤、鱼汤、鸡汤等也是不错的选择。

（6）不要接触或食用野生动物。学会阅读食品标签，合理选择食品。注意将生熟食物分开处理，对动物类食物要烧熟、煮透。家庭用餐实行分餐制，或使用公勺、公筷等。禁烟酒，不食或少食辛辣刺激性食物。

（7）新鲜的蔬菜、水果，以及坚果等食物中富含 B 族维生素、维生素 C、维生素 E 等，具有较强的抗氧化、调节免疫的作用，应注意补充。也可适量添加营养素补充剂。

（8）豆类及其制品、枸杞等食材中含有类黄酮、甜菜碱等抗氧化物质，瘦肉中含有丰富的蛋白质，都有助于增强抵抗力。

（9）食欲较差、进食不足者，更应注意补充 B 族维生素、维生素 C、维生素 A、维生素 D 等营养素。

（10）不暴饮暴食，控制摄入的总能量，保持能量平衡。

40. 从超市买回的东西需要消毒吗？

没有必要，勤洗手就可以了。我们不可能对所有的物品都进行消毒，目前在超市购物的人都戴着口罩，这种情景下超市中的物品被污染的概率非常小。对这些从超市里购买的物品进行消毒，远没有正确的手部卫生重要。

41. 疫情期间如何进行体育锻炼?

（1）在校期间的体育锻炼应尽量选择户外运动项目，不集中锻炼，降低操场的人群密度，注意与他人保持距离。

（2）降低运动强度，不要让自己太疲劳。

（3）做好准备活动，避免运动损伤。

（4）运动时注意选择舒适、吸汗的衣服，运动后及时添加衣物，避免着凉。

42. 乘坐电梯时需要注意什么？

（1）等候或乘坐电梯时须全程佩戴口罩。

（2）错峰乘坐电梯，避免拥挤，人多时耐心等待下一班电梯。

（3）在电梯里保持与他人之间的距离，不要面对面站立。

（4）电梯按钮也是病毒的藏身之所，不要用手直接触碰按钮，可以通过戴一次性手套或用纸巾隔开等方式接触按钮，碰触按钮后及时洗手。

（5）尽量减少在电梯内的时间，低楼层尽量选择步行，楼层相近的可以就近下电梯，步行一两层。

（6）乘坐电梯时，如果发现其他等候者有咳嗽等可疑症状，建议尽量避免同乘。

（7）注意咳嗽礼仪，咳嗽时应使用一次性纸巾等遮住口鼻，并妥善丢弃，或用手肘遮住口鼻。

（8）在电梯内不吃东西。

（9）离开电梯后及时洗手。

43. 因其他疾病需要就医时怎么办?

（1）原则上尽可能少去或不去医院，除非必须立即就医的急症。如果必须就医，应就近选择能满足需求的、门诊量较少的医疗机构；就诊时，只做必需的、急需的检查项目；如果可以选择就诊科室，尽可能避开发热门诊、急诊等诊室。

（2）若需要前往医院，尽可能事先通过网络或电话了解拟就诊医疗机构情况，做好预约和准备，熟悉医院科室布局和就诊流程。

（3）前往医院的路上和在医院内，自己和家人须全程佩戴医用外科口罩或 KN95/N95 及以上颗粒物防护口罩。

（4）尽量避免乘坐公共交通工具前往医院。

（5）随时保持手部卫生，准备便携的含酒精成分的免洗洗手液。

（6）在路上和医院时，人与人之间尽可能保持距离（至少 1 米）。

（7）若路途中污染了交通工具，建议使用含氯消毒剂和过氧乙酸消毒剂，对所有被呼吸道分泌物或体液污染的物品表面进行消毒。

（8）尽量避免用手接触口、眼、鼻，打喷嚏或咳嗽时用纸巾或肘部衣服遮住口、鼻。

（9）接触医院门把手、门帘、医生白大衣等物品后，尽量使用手部消毒液，如果不能及时进行手部消毒，不要用手接触口、眼、鼻。

（10）加快在医院就诊的过程，尽可能减少在医院的停留时间。

（11）返家后，立即更换衣服，用流水认真洗手，尽快清洗换下的衣服。

（12）返家后若出现可疑症状（包括发热、咳嗽、咽痛、胸闷、呼吸困难、乏力、恶心呕吐、腹泻、结膜炎、肌肉酸痛等），根据病情及时就诊，并向接诊医师告知过去两周的活动史。

44. 什么情况下需要医学观察？

新冠肺炎密切接触者或可疑暴露者必须接受医学观察。对相关人员实行医学观察可以让被观察对象实时关注自己的健康状况，一旦出现发热、咳嗽等异常情况可以及时到医院就诊、排查，及时发现可疑的病例。同时，也减少了观察对

象与外界接触的机会，避免人们之间相互交叉感染。这既是

对自己和家人的健康负责，也是对社会、对公众的健康安全负责。

医学观察包括居家隔离医学观察和集中隔离医学观察。医学观察期限为被观察对象自最后一次与新冠肺炎病例、感染者发生无有效防护的接触后 14 天。观察期满未发病者可恢复正常的学习和生活。

45. 如果需要居家隔离，我们应该怎么做?

若有的同学不小心成为新冠肺炎病例的密切接触者，不

要害怕，要主动接受 14 天的医学观察。

居家隔离时，应做好以下几个方面：

（1）尽量相对独立居住，尽可能减少与其他家人的接触，避免交叉感染。

（2）观察期间不得外出，如果必须外出，经医学观察管理人员批准后方可，并要佩戴医用外科口罩或 KN95/N95 口罩，避免去人群密集场所。

（3）每日至少进行 2 次体温测量，谢绝探访。不与家人共用任何可能导致间接接触感染的物品，包括牙刷、餐具、食物、饮料、毛巾、衣物及床褥等。

（4）出现发热、咳嗽、咽痛、胸闷、呼吸困难、乏力、恶心呕吐、腹泻、结膜炎、肌肉酸痛等可疑症状时应立即报告医学观察管理人员，停止居家隔离，及时就医。

46. 如果家人被隔离了，我们应该怎么做？

（1）我们首先要知道，短暂的隔离是为了自己和家人的健康，不要害怕，家人很快会回到我们身边。

（2）家人被隔离并不一定会生病，即使生病也可以治愈，要相信我们一定会战胜病毒，生活很快会恢复正常。

（3）通过手机保持与家人的联系，鼓励自己的家人早日战胜病毒。

（4）不信谣、不传谣。

（5）作息规律，均衡摄入肉类、蛋类、奶类、蔬菜、水果等，不偏食，不挑食。

（6）勤洗手，多喝水，适度运动。

47. 万一需要住院隔离治疗，我们应该怎么办？

（1）要相信生病只是暂时的，只要好好配合治疗很快就能康复。

（2）因见不到家人而害怕是正常的，可以通过手机与家人联系，告诉自己要好好配合治疗，康复后就能够见到家人。

（3）害怕、不舒服时要积极寻求医护人员的帮助，信任他们。如实向医护人员反馈自己的感受，让他们更好地了解自己的病情。

（4）尽量保持正常作息，适度运动，不断鼓励自己。

（5）好好吃饭，按时吃药，努力照顾好自己。

48. 疫情期间，人们可能会有哪些心理变化？

面对疫情，人们会出现不同程度的紧张、焦虑、恐惧等情绪，变得容易烦躁、容易愤怒，而且会将身体的各种不适与“疫情”联系起来，格外关注自己和家人的身体状况，会反复查看疫情的进展消息，在家里坐立不安。

这些心理的变化还会引起一些躯体症状，比如轻微的胸闷、气短、食欲下降、头痛、心悸等。还有人会出现入睡困难、睡眠浅、早醒、做噩梦，甚至出现心率加快、血压升高、体温升高等情况。如果家人或自己出现了以上这些表现，不用担心，这是很正常的，但要做好心理健康防护，如从权威媒体了解疫情信息和相关科学防护知识，规律生活、适度锻炼，读书、听音乐，与他人多交流等。

49. 哪些居家活动可以缓解焦虑?

（1）读书：去年买回来的书都读完了吗？不妨利用这段时间读一读一直想读而没有时间读的书，读书可以让人心绪平和，好书还可以给人有益的启发。

（2）练习书法、绘画：写字、画画都可令人放松情绪、身心愉悦，有书法、绘画爱好的人可以在家通过这两种方式缓解焦虑。

（3）听音乐：舒缓美妙的音乐可以调节情绪、放松身心，感到焦虑、恐慌的人们不妨在家多听听音乐。

（4）整理房间：趁这个时间可以好好收拾一下家，干净整洁的房间能带给人好心情，整理的人也会获得成就感。

（5）养花种草：浇浇花、翻翻土，花的芬芳和叶的绿意能将人从不良情绪中解放出来。暂时告别快节奏的生活，调整好自己的心态，将来以更加饱满的精神状态投入到学习生活中。

50. 面对疫情，作为学生应该怎么做？

（1）尽量避免外出，不到人多密闭的场所。确实需要外出时，戴好口罩。

（2）讲卫生，勤洗手，在家人帮助下做好个人防护。

（3）早睡早起，好好吃饭，适度运动，提高自己的抵抗力。

（4）对疫情有什么疑问和担心，要及时告诉自己的家人，请他们为自己解答。

（5）如果因担心生病而睡不好、没有食欲或不舒服时，要及时告诉家人。

（6）将自己的注意力集中在自己的学业上，每天规划好自己的学习时间，按照计划有条不紊地复习或预习功课。

（7）一旦有发热、咳嗽、乏力、头痛等不适时，及时告诉家长或老师，不要隐瞒。

51. 如何改善自身免疫力?

免疫力是人体自身的防御机制，是人体识别和消灭外来侵入的任何异物(病毒、细菌等)，处理衰老、损伤、死亡、变性的自身细胞，以及识别和处理体内突变细胞和病毒感染细胞的能力。保持健康的生活方式，才能维护并改善自身免疫力。

（1）保证全面、均衡、适度的营养

每天定时定量用餐，饮食均衡、营养全面，才能保证身体所需的各种营养物质，如蛋白质、碳水化合物、脂肪、水分，以及各种维生素、常量元素和微量元素等的摄入。

（2）劳逸适度

① 每天保证充足的睡眠：熬夜会破坏人体的免疫系统，从而使人更容易感染病毒。充足的睡眠可使人体力恢复、精力充沛。一般每天的睡眠时间为 7~8 小时。另外，不要过度睡眠而出现“赖床”的现象，那样同样不利于健康。

② 适当运动：经常进行有氧运动，可以改善免疫力。但应避免过量运动。

（3）保持良好的卫生习惯

养成良好的个人卫生习惯，保持居家及生活环境的卫生整洁。

（4）保持心理健康

学会调节自己的情绪，善待压力，保持健康、良好的心境。

52. 熏醋可以预防新冠肺炎吗?

不可以。食醋的醋酸含量为 5% ~ 8%，pH 值约为 2.9，新型冠状病毒可以在这种环境下生存。如果进行熏蒸，将醋里的醋酸蒸发到空气中，这样提升空气中醋酸的浓度非常有限，完全没有任何杀灭新型冠状病毒的效果。

53. 补充维生素 C 能有效预防新冠肺炎吗?

不能。维生素 C 可以帮助机体维持正常的免疫功能，但是维生素 C 本身并没有抗病毒的作用。

54. 接种了流感疫苗就不会感染新型冠状病毒了吗?

不是。流感病毒与新型冠状病毒的毒株并不相同，所以即使接种了流感疫苗，对新型冠状病毒也无预防作用，仍然可能被感染。

55. 盐水漱口可以预防新冠肺炎吗?

不可以。盐水漱口有利于清洁口腔和咽喉，但是新型冠状病毒侵犯的部位在呼吸道，漱口没有办法清洁呼吸道。目前也没有任何研究结果提示盐水对新型冠状病毒有杀灭作用。

56. 吃大蒜能预防新冠肺炎吗?

不能。大蒜含有大蒜素，可以发挥一定的抗菌作用，然而目前没有证据表明食用大蒜能够预防新型冠状病毒肺炎。

57. 戴多层口罩能更好地保护自己吗?

不能。只要是合格的一次性医用口罩、医用外科口罩或KN95/N95及以上颗粒物防护口罩，戴一个就可以起到一定的保护作用。戴多层口罩会影响呼吸，并会产生不适感。

58. 抗生素能治疗新冠肺炎吗?

抗生素不能治疗新冠肺炎。新冠肺炎的病原体是病毒，而抗生素是治疗细菌感染的，服用抗生素不但没有预防作用，而且有可能发生药物不良反应，引起肠道菌群失调。因此，以预防新冠肺炎为目的而服用抗生素是错误的。

59. 晒太阳可以杀灭新型冠状病毒吗?

不可以。太阳光的照射温度达不到杀灭病毒的温度，且日照紫外线也达不到紫外线消毒灯的强度，所以晒太阳不能杀灭新型冠状病毒。

60. 使用过的 KN95/N95 口罩消毒后可继续使用吗?

不可以。口罩一般情况下是一次性使用的，在特殊情况下（比如口罩供应不足），KN95/N95 口罩可以在严格限定的条件下“延长使用期限”或“有限重复使用”，限定条件包括正确佩戴、没有破损、没有被呼吸道分泌物或体液污染、没有导致呼吸困难等。即使满足这些限定条件，重复使用也有次数限制，厂家会标注可以重复使用的次数，如果没有标注，那就不要超过 5 次。用过的口罩用微波炉消毒或喷洒酒精消毒，这样做不但不能确保杀灭新型冠状病毒和其他有害微生物，还有可能造成口罩变形、过滤纤维损坏而使口罩丧失保护作用。

61. 抽烟能够预防新冠肺炎吗?

吸烟不仅无法对新型冠状病毒感染产生任何的预防作用，而且还会刺激呼吸道，烟草中的有害物质还会损伤肺功能，降低身体免疫力，增加感染概率，而且感染新型冠状病毒后发生重症的风险也会更大。此外，二手烟还会危害周围人的健康。

62. 喝酒可以降低新型冠状病毒感染风险吗?

喝酒不能降低新型冠状病毒感染的风险。乙醚、75% 酒精、含氯消毒剂、过氧乙酸和氯仿等脂溶剂均可有效灭活病毒。酒精的确能杀死病毒，但是需要用浓度为 75% 的酒精消毒产品，而且只能用于体表消毒。喝进身体的白酒，只会被吸收代谢，不会对病毒有杀灭作用。

63. 用 56℃的热水洗澡能对抗新型冠状病毒吗？

洗热水澡不能对抗新型冠状病毒。有研究发现，新型冠状病毒在 56℃下持续 30 分钟才可被杀灭，人体不可能承受 56℃的热水洗浴且持续 30 分钟，这样反而有可能得热射病（相当于重症中暑），危及生命安全。另外，人体的体温是相对恒定的，洗热水澡无法提升体内温度，如果真的感染了新型冠状病毒，仅仅靠洗热水澡并不能消灭侵入人体中的病毒。

64. 打开空调提高室温可以杀灭室内的新型冠状病毒吗？

不可以。在 56℃下，持续 30 分钟，可以有效灭活新型冠状病毒，打开空调取暖是达不到这一温度的，不足以杀死病毒。整日开空调反而使室内空气不流通。需要注意的是，这里讨论的是病毒在体外的存活情况。因为病毒在人体内有非常适合的生存环境，所以体内的病毒不会受外界环境温度的影响。

附：家长应采取哪些防护措施？

（1）家长在疫情流行期间尽量减少外出，有条件的采取居家办公；不要带孩子走亲访友、聚会聚餐，不要到人员密集的公共场所活动，尤其是空气流动性差的地方，例如公共浴池、温泉、影院、网吧、歌厅、商场、车站、机场、码头、展览馆等。必须暂停参加各种线下培训。

（2）利用看电视、交谈等各种方式，给孩子普及新型冠状病毒肺炎防控的知识和技能。

（3）保持家居环境整洁。每天至少 2 次、每次至少 30 分钟开窗通风。定期进行预防性消毒工作。

（4）家长应给孩子准备适合年龄特点的口罩，监督孩子外出时佩戴口罩，外出回家后立即洗手，并将外套放在通风的地方晾晒。

（5）科学配餐，加强营养，帮助孩子制订合理的居家运动计划并督促其认真完成，让孩子保证充足的睡眠，从而提高身体免疫力，抵抗病毒侵袭。

（6）监督孩子完成当地教育部门、学校安排的网络教学课程和课后作业，减少近距离用眼和电子屏幕视屏时间，防止近视发生或近视程度加深。

（7）每天对家庭成员进行健康监测，如有发热和咳嗽等症状应及时就医，并根据社区和学校的要求进行上报。如果孩子出现疑似症状，严禁送孩子上学。

（8）开学前要做好低龄学生的安全看护工作，避免学生独自在家，防止意外伤害发生。

（9）开学后尽量驾驶私家车送孩子上下学，或让孩子走路上下学，尽量避免乘坐公共交通工具，预防交叉感染。

（10）如果家庭成员需要居家隔离进行医学观察，应减少活动范围，尽可能减少与其他家庭成员接触。严格执行分餐制。多开窗通风。家庭成员共处一个房间时需要佩戴医用外科口罩，并注意保持 1 米以上的距离。居家隔离的家庭成员使用的卫生间、生活用品要与其他家庭成员分开，对其用过的物品和接触过的环境随时进行消毒，避免交叉感染。

附：学校应采取哪些防护措施？

1. 开学前的防控措施

（1）学校应每日统计教职员工和学生的健康情况，实行“日报告”“零报告”制度，并向主管部门报告。

（2）学校应对全体教职员工和学生开展防控制度、个人防护与消毒等知识和技能培训。

（3）开学前必须对学校进行彻底清洁，对物品表面进行预防性消毒处理，对教室开窗通风。

（4）所有外出或外地的教职员工和学生，返回居住地后，应当居家隔离 14 天后方可返校。

（5）做好洗手液、口罩、手套、消毒剂等防控物资的储备。

（6）设立（临时）隔离室，位置相对独立，以备人员出现发热等症状时立即进行暂时隔离。

（7）制定疫情防控应急预案，制度明确，责任到人，并进行培训、演练，校长是本单位疫情防控第一责任人。

2. 开学后的防控措施

（1）每日统计教职员工和学生健康情况，加强对学生及教职员工的早晨、中午检测工作，实行“日报告”“零报告”制度，并向主管部门报告。

（2）对消毒剂标识明确，并妥善保管，避免误食或被其损伤。实施消毒处理时，操作人员应当采取有效的防护措施。

（3）对各类生活、学习、工作场所（如教室、宿舍、图书馆、实验室、体育活动场所、餐厅、教师办公室、洗手间等）加强通风换气。每日通风时间不少于 3 次，每次不少于 30 分钟。课间尽量开窗通风，也可采用机械排风。如果使用空调，应当保证空调系统供风安全，保证充足的新风输入，所有排风直接排到室外。

（4）加强物体表面清洁消毒。应当保持教室、宿舍、图书馆、餐厅等场所环境整洁卫生，每天定时消毒并记录。对门把手、水龙头、楼梯扶手、宿舍床围栏、室内健身器材等高频接触物表面，可用有效氯浓度为 250~500mg/L 的消毒剂进行擦拭，也可采用消毒湿巾进行擦拭。

（5）加强餐（饮）具的清洁消毒，餐（饮）具应当一人一具，一用一消毒，建议学生自带餐具。餐（饮）具去残渣、清洗后，煮沸或用流通蒸汽消毒 15 分钟；或采用热力消毒柜等消毒方式；或采用有效氯浓度为 250mg/L 的消毒剂浸泡 30 分钟，消毒后应当将残留的消毒剂及时冲净。

（6）卫生洁具可用有效氯浓度为 500mg/L 的消毒剂浸泡

或擦拭进行消毒，作用30分钟后，用清水冲洗干净。

（7）确保学校洗手设施运行正常，中小学校每40~50人设一个洗手盆或0.6米长盥洗槽，并备有洗手液、肥皂等，配备速干手消毒剂，有条件时可配备感应式手消毒设备。

（8）加强垃圾分类管理，及时收集清运，并做好垃圾盛装容器的清洁，可用有效氯浓度为250mg/L的消毒剂定期对其进行消毒处理。

（9）严格落实教职员工和学生手卫生措施。餐前、便前便后、接触垃圾后、外出归来、使用体育器材及学校电脑等公用物品后、接触动物后、触摸眼睛等易感部位之前、接触污染物品之后，均要洗手。洗手时应当采用洗手液和肥皂，在流水下按照正确的洗手方法彻底洗净双手，也可使用速干手消毒剂揉搓双手。

（10）不应组织大型集体活动。

（11）对教职员工、学生和家长开展个人防护与消毒防控知识宣传和指导。给学生示范正确的洗手方法，培养学生养成良好的卫生习惯。咳嗽、打喷嚏时用纸巾或衣袖遮挡口鼻。

3. 出现疑似感染病例的应急处理

（1）教职员工如果出现发热、干咳、乏力、鼻塞、流涕、咽痛、腹泻等症状，应当立即上报学校负责人，并及时按规定去定点医院就医。尽量避免乘坐公交车、地铁等公共交通工具，前往医院的路上和在医院内须全程佩戴医用外科口罩（或其他更高防护级别的口罩）。

（2）学生如果出现发热、干咳、乏力、鼻塞、流涕、咽痛、腹泻等症状，应当及时向学校反馈并采取相应措施。

（3）教职员工或学生如果出现新冠肺炎疑似病例，应当及时向辖区疾病预防控制部门报告，并配合相关部门做好密切接触者的管理。

（4）对共同生活、学习的一般接触者进行风险告知，如出现发热、干咳等疑似症状时必须及时就医。

（5）专人负责与接受隔离的教职员工或学生的家长联系，掌握其健康状况。

学生们应当了解学校的各项防控措施和规定，积极配合，认真做好新冠肺炎的防控，维护个人健康。